U0241242

外公外婆家
李奶奶家
李奶奶的菜地
池塘
王伯采摘园
大伯的菜地

图书在版编目（CIP）数据

蔬菜大丰收 / 王落著 ; 花果小山绘 . -- 北京 : 北京科学技术出版社 , 2025. -- ISBN 978-7-5714-4216-3

Ⅰ. S63-64

中国国家版本馆 CIP 数据核字第 20247AP560 号

给我的然然和阳阳，谢谢你们陪我一起观察植物朋友们。

——花果小山

感谢我的爷爷奶奶和他们的小菜园。

——王落

策划编辑：黄艾麒　姜思琪

营销编辑：王　喆

责任编辑：代　冉

责任校对：贾　荣

责任印制：李　茗

图文制作：天露霖文化

出 版 人：曾庆宇

出版发行：北京科学技术出版社

社　　址：北京西直门南大街16号

邮政编码：100035

电　　话：0086-10-66135495（总编室）　0086-10-66113227（发行部）

网　　址：www.bkydw.cn

印　　刷：雅迪云印（天津）科技有限公司

开　　本：787 mm × 1092 mm　1/12

字　　数：41千字

印　　张：3.3

版　　次：2025年1月第1版

印　　次：2025年1月第1次印刷

ISBN 978-7-5714-4216-3

定　　价：48.00元

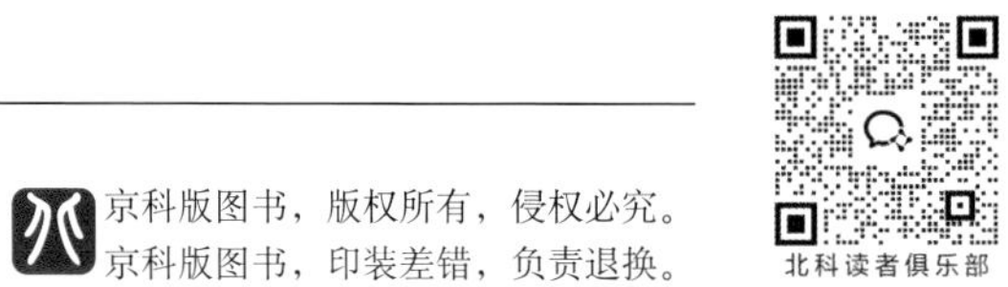

蔬菜大丰收

王 落◎著
花果小山◎绘

北京科学技术出版社
100层童书馆

新学期，糖豆的老师布置了观察大自然的任务，体验过种菜乐趣的糖豆想做一本蔬菜手账。

“草……草……手……长……”毛豆费劲儿地念出姐姐本子上的字。

“是‘蔬菜手账’，用来观察和记录身边的蔬菜。”糖豆解释到。

“可我们身边哪有那么多蔬菜？”

“这个嘛……”

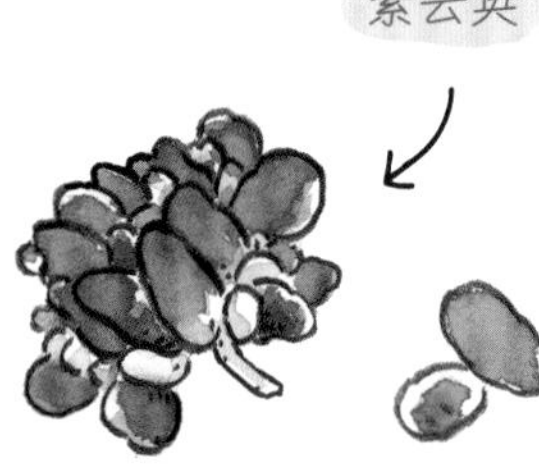

外公的菜园里
肯定有！
婆婆纳

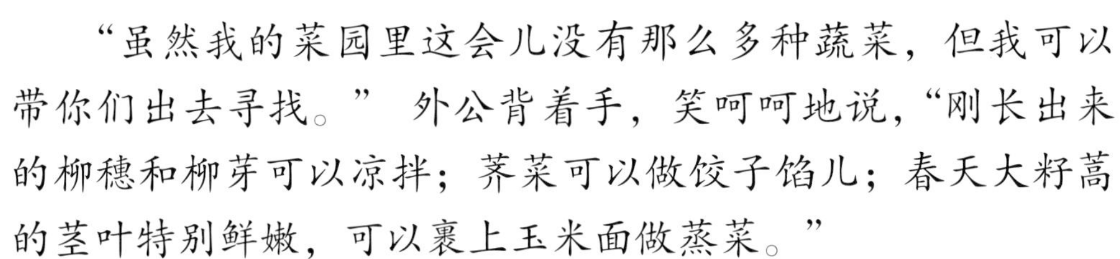

“虽然我的菜园里这会儿没有那么多种蔬菜，但我可以带你们出去寻找。” 外公背着手，笑呵呵地说，“刚长出来的柳穗和柳芽可以凉拌；荠菜可以做饺子馅儿；春天大籽蒿的茎叶特别鲜嫩，可以裹上玉米面做蒸菜。”

“还有什么好吃的？”毛豆追问。

“‘嫩芽香椿头刀韭，顶花黄瓜落花藕。’不光是香椿芽，春天也是吃各种芽菜的好时节。”

春笋

春天是吃芽菜的好时节
荞麦芽
花椒芽
绿豆芽
花生芽
豌豆苗
黄豆芽
黑豆芽
苜蓿芽
枸杞芽

回家路上，姐弟俩遇到正在打理菜园的李奶奶，他们赶紧掏出“战利品”，自豪地说：“这都是我们摘的独属于春天的美食，请您尝尝！”

春天可食用叶和茎的蔬菜

4月末，天气渐渐暖和，外公的小菜园明显热闹了起来。

“这是什么？”毛豆被一片豆田吸引，“像毛豆但又不太像。”

“这是豌豆，和毛豆一样，是吃种子的，豆荚幼嫩的时候也可以当菜吃。”

外婆自制的豌豆黄香甜软糯，是毛豆的最爱。

春季的豆类蔬菜
豌豆仙子
蚕豆宝宝
四季豆妹妹
豇豆姐姐
扁豆小妹
扁豆
四季豆
豇豆
蚕豆

初夏的花类蔬菜
黄花菜
市场上常见的黄花菜是将其新鲜的花蕾晒干加工而成的。
黄花菜与鸡蛋、猪肉一起炒，就是木须肉，吃起来特别香，我最喜欢啦！
盛开的黄色花朵
可食用的花蕾
叶片狭长
纺锤状膨大的根
黄瓜花
一般吃雌花，花常带着未长大的小黄瓜，花果同食。
黄瓜花口感脆嫩，味道清新，很受大家喜爱呢！我和弟弟都很爱吃凉拌黄瓜花！
成熟的黄瓜
带着小瓜的雌花
雄花
南瓜花
雌雄同株不同花，通常食用的是雄花。
雌花
有子房，可结小南瓜。
摘掉花蕊，裹上面粉油炸，酥脆可口。
雄花
提供花粉，可食用。
西葫芦花
和黄瓜花一样，花果同食。
在花里塞上肉馅儿，荤素搭配，营养又美味。
外公说
冬天采收的绿绿的西蓝花，我们通常吃的是它的嫩茎和含苞待放的花蕾。

初夏的风吹开了一朵朵娇嫩的花：黄瓜花、南瓜花、黄花菜花、西葫芦花……
6月的最后一周，姐弟俩还和外婆去了韭菜花田，星星点点的白色韭菜花可真美呀！
采呀采呀
采花花……
菜粉蝶
韭菜花可以做成
好吃的韭菜花酱！
韭菜花束

夏日渐盛，小菜园里的蔬菜大丰收，村里的菜地也一片欣欣向荣的景象：各种瓜果挂满枝蔓，一棵棵卷心菜像长在田间的小足球，油麦菜绿莹莹，辣椒红艳艳……

糖豆发现了“杂草”，外公笑着说：“这是落葵，是风带来的礼物。它的嫩茎叶可食用，口感是黏黏滑滑的。”

柿子树上
拇指大的小绿果
蝉
西葫芦
洋葱
油麦菜
小树林
辣椒
黄瓜
只要顺应节气，用心经营，小小的田地也会给人们带来大大的惊喜。
可以用落葵的果实做染料染布。
“这是我和外婆一起染的。”

盛夏，外公带姐弟俩来到了张爷爷的水塘。

外公摘下一朵莲蓬，剥了清甜的莲子让姐弟俩尝。“莲蓬就是荷花的果实，里面的莲子晒干去壳后还可以煮粥、煲汤。”

姐弟俩坐在采菱角的木盆船上。慈姑燕尾般的叶子间钻出一朵朵白色小花；芡实巨大的叶面间挺立着紫色的花；茭白细长的叶子随风起舞；莼菜已收割完毕，人们即将扦插水芹……

原来水里也能长出这么多好吃的蔬菜。

夏季时令水生蔬菜
芡实
莲子
莼菜
茭白
菱角
芡实花
芡实叶
荸荠花

夏末秋初是果菜类蔬菜收获的时节，王伯邀请外公和姐弟俩去采摘园里玩。苦瓜、丝瓜、冬瓜攀缘而上，远远看上去像一堵堵绿色的墙；南瓜藤蔓一直延伸到远处……

“瞧！葫芦兄弟！”毛豆兴奋地指给糖豆看。

“嫩葫芦可以炒菜，老葫芦可以做成工具。”外公笑呵呵地说。

秋葵长长的尖角指向天空。

“像小姑娘扎的冲天辫。”糖豆说。

“像一枚枚要发射的炮弹。”毛豆说。

转眼到了中秋，张爷爷一大早就送来了荷花池的特产——莲藕和螃蟹。

一节节莲藕在外婆的巧手下变成了佳肴。

“考考你们，”外公说，“莲藕是植物的哪个部位？”

“根！”毛豆抢着说，“藕是从泥里挖出来的。”

“可土豆也是从地下挖出来的，它们不是根而是块茎。”糖豆摇摇头。

“没错，莲藕是地下茎。”外公公布了答案。

和莲藕美食一起上桌的还有蒸螃蟹。姐弟俩发现，螃蟹下面垫着姜片和紫苏叶。

“它们可以祛除螃蟹的腥味和寒气。”外婆边说边给他们倒特制的紫苏姜茶，“来，暖暖胃。”

芋头
大彩椒
用旧雨靴
种花
贝贝南瓜
菊花
把菊花晒干，
泡茶喝，可
以清热解毒。

随着天气越来越凉，糖豆的手账也越做越厚。10 月的小菜园迎来了大丰收：大葱长管一样的叶子散发着独特的香味，彩椒的枝干上挂满了花花绿绿的“灯笼”，贝贝南瓜像一个个小轮胎，朵朵菊花清香扑鼻……

那厚实的泥土之下也自有一番热闹：洋葱、芋头、姜等蔬菜都在努力汲取养分，各种茎菜类蔬菜都在等待着被人们挖出土的那一刻。

秋天满园的茎菜类蔬菜

一个月后，大伯家的红薯成熟了，大家一起帮忙采收。

大人们在地里挖呀挖，孩子们用红薯叶和茎做饰品。

“红薯吃的是根，红薯叶也能当菜吃呢！”大伯说着，掐了一把红薯叶放在筐里，“今晚就让你们好好尝尝！”

漂亮的头饰是
糖豆做的哟！
解锁新蔬菜
——红薯
流“油”的烤红薯
清炒红薯叶
毛豆做了可爱的
耳环和戒指！
做好送给外婆啦！

天气越来越冷，大家都换上了厚厚的棉服。屋里水仙花散发出阵阵清香，外面外公的小菜园也大变样：白菜翠绿的叶子和雪白的帮子，让人看着就有食欲；还有油绿的茼蒿、紫红色的紫菜薹，无不为冬天增添了色彩。

“瞧，还有这些萝卜。要赶在霜冻之前把它们拔出来，放到地窖里。”外公说。

萝卜开大会
外婆煮的萝卜水
胡萝卜红烧排骨
白萝卜能顺气，可辅助治疗咳嗽。
胡萝卜含有丰富的胡萝卜素，能增强人体的抵抗力。
用来观赏的水仙花可真香啊！
（水仙有毒，可不能吃呀！）
白菜
茼蒿
紫菜薹

成熟的蔬菜被陆续采收回来，一些被外公放入了地窖，一些则被外婆做成了腌菜和干菜。

腌萝卜酸脆爽口，大白菜泡菜香辣开胃。外婆还做了腊八蒜和糖蒜。

外公说：“这就是古人对抗寒冬和食物匮乏的智慧。”

腊八节
腊八蒜
把蒜瓣放入瓶子中，倒上醋后密封，等蒜变绿就可食用了。
腊八粥
由米、豆和干果等各种食材熬成，香香甜甜。
蜡梅
猜谜语
弟兄七八个，
围着柱子坐。
只要一分开，
衣服就扯破。
（猜一蔬菜）
谜底是大蒜。
日期：星期五
天气：
大蒜的一生
蒜苗，也叫青蒜，是大蒜幼苗发育至一定时期的青苗。这个时期如果光照不充足，蒜苗则会长成蒜黄。
花茎
蒜薹
蒜薹是大蒜的花茎，在花茎的顶端会有薹苞。薹苞是大蒜花茎的总苞。
种下一粒蒜瓣
发芽
幼年期
成长期
收获期

雪花开始飘落，小菜园一片银装素裹。忙碌了三季的小菜园也要休息啦！但外公可不闲着，他会趁着这个时候修补农具，修整土地。

“中午就吃白菜饺子吧！”外婆说，“菜叶做馅儿，菜帮做成酸辣菜帮。”

外公则夹出了一些腊八蒜、糖蒜和泡菜当配菜。

瞧，即便是寒冷的冬天，外公、外婆也有办法把一日三餐做得有滋有味。

冰雪逐渐消融，人们又开始在休息好的土地上忙碌起来。

“嘀嘀——”小货车在各个菜地间来来往往，每次都能拉走满车的蔬菜。

“它会把这些蔬菜运到城里，蔬菜会进入菜市场、超市、菜店，成为成千上万个家庭饭桌上的美食。”外公说。

玉兰花开啦！

不知不觉，糖豆的“蔬菜手账”已经做了厚厚一大本。

糖豆一页页翻看着，快乐的回忆不断重现，外公的话也不断在耳边回响：“春吃芽，夏吃叶，秋吃果，冬吃根；不时不食，什么时节吃什么都是有讲究的……”

糖豆美滋滋地看着手账里的内容，咽了咽口水，心想：“今天晚上我们吃什么蔬菜呢？”

垂丝海棠
豌豆花
萝卜花

一起做荷叶花洒吧
① 寻找一片喜欢的荷叶。
② 沿荷叶边缘剪下一圈叶子，剪短荷叶柄。
剪下的荷叶柄可以用来吹泡泡。